Е.Ю. Бахтина
И.Г. Иванова

Дидактические вопросы обучения студентов-заочников

Е.Ю. Бахтина
И.Г. Иванова

Дидактические вопросы обучения студентов-заочников

LAP LAMBERT Academic Publishing

Impressum / Выходные данные

Bibliografische Information der Deutschen Nationalbibliothek: Die Deutsche Nationalbibliothek verzeichnet diese Publikation in der Deutschen Nationalbibliografie; detaillierte bibliografische Daten sind im Internet über http://dnb.d-nb.de abrufbar.

Библиографическая информация, изданная Немецкой Национальной Библиотекой. Немецкая Национальная Библиотека включает данную публикацию в Немецкий Книжный Каталог; с подробными библиографическими данными можно ознакомиться в Интернете по адресу http://dnb.d-nb.de.

Coverbild / Изображение на обложке предоставлено: www.ingimage.com

Verlag / Издатель:
LAP LAMBERT Academic Publishing
ist ein Imprint der / является торговой маркой
OmniScriptum GmbH & Co. KG
Heinrich-Böcking-Str. 6-8, 66121 Saarbrücken, Deutschland / Германия
Email / электронная почта: info@lap-publishing.com

Herstellung: siehe letzte Seite /
Напечатано: см. последнюю страницу
ISBN: 978-3-659-63745-2

Дидактические вопросы обучения студентов-заочников

Авторы:

Бахтина Елена Юрьевна, к.ф.-м.н., доцент, ФГБОУ ВПО «Московский государственный автодорожный технический университет» (МАДИ (ГТУ)), e-mail: elbakh@gmail.com

Иванова Инга Григорьевна, к.т.н., доцент, ФГБОУ ВПО «Московский государственный строительный университет» (МГСУ), e-mail: ingaivanov@mail.ru

СОДЕРЖАНИЕ

ВВЕДЕНИЕ

В настоящее время наблюдается острое противоречие – с одной стороны, бурное развитие информационного общества, нарастание информационных потоков, общая интенсификация социальных процессов, стремительное развитие информационно-коммуникационных технологий (ИКТ) и появление широких возможностей их использования в учебном процессе, и с другой стороны, снижение, в силу ряда причин, уровня образования по фундаментальным дисциплинам, ухудшение преподавания математики и физики в средней школе, что в конечном итоге приводит к снижению уровня подготовки специалистов технического профиля.

Причин снижения качества обучения много: это и перегрузка учебных планов новыми дисциплинами, и резкое сокращение количества часов на естественнонаучные дисциплины, и разрыв связей школа-вуз. Кроме того, сегодня деформированы система образования как в средней, так и в высшей школе. Большинство выпускников школ не подготовлены к освоению вузовского курса физики, что является серьезной проблемой государственного масштаба.

Курс физики в системе высшего образования играет большое значение. Физика формирует целостность картины мира, является научной основой современной техники и большинства новых технологий. При изучении физики формируются научные знания, необходимые инженеру любого профиля, кроме того, никакая другая дисциплина так не развивает мыслительный аппарат.

С целью разрешения сложившегося противоречия необходимо совершенствовать методику преподавания естественно-научных дисциплин в вузе в соответствии с современной ситуацией. Особое внимание следует уделять активизации психологического восприятия учебной информации и выработке визуальных средств коммуникации между участниками образовательного процесса.

Наличие общественного запроса на модернизацию образовательных систем требует анализа различных психолого-педагогических концепций с целью выявления актуальных идей и подходов и пересмотра, основанных на этих подходах, образовательных практик и максимального учета специфики современного состояния общего образования и ключевых тенденций ее развития, учета возможностей использования ИКТ в учебном процессе.

Анализ информации по данной проблематике показывает, что главным условием успешности инновационного развития системы образования является действительное осознание авторами учебников, методистами и педагогами информационной природы окружающего общества. Каждый человек подвергается воздействию потоков информации, которые за последние десятилетия стали гораздо более интенсивными и разнообразными, чем это было в предшествующие эпохи. Информационные и коммуникационные технологии являются лишь реализацией объективных потребностей современного общества. «Информационный взрыв» связан и с процессами глобализации, и с интеллектуализацией современного производства, и с развитием средств массовой информации, и со становлением новых направлений в науке, технике, культуре, искусстве. И если общество является по своей природе информационным, то среди других целей, стоящих перед современной системой образования, управление информационными потоками и их использование для формирования образовательной среды должно занимать приоритетное место.

Можно выделить еще одно противоречие, наблюдающееся в современной системе образования – между господствующим в наши дни репродуктивным обучением и требованиями современного общества. От молодого человека, вступающего в самостоятельную жизнь, требуется активная деятельность, генерация новых идей, поиск собственных решений. В то же время школа, а за ней и вуз приучают, в основном, к воспроизведению традиционных знаний и навыков. Вот мнение исследователя, современного психолога, специализирующегося в области

4

педагогических технологий: «Следствием широко распространенной репродуктивной технологии нередко становятся духовное потребительство и познавательное иждивенчество – «объектная» позиция пассивного наблюдателя, слушателя и бездеятельное состояние мозга обучающегося» [6]. Опасность серьезного разрыва между результатами деятельности учебных заведений и общественными запросами на подготовку выпускников, способных в перспективе стать конкурентоспособными специалистами для инновационной экономики, признается значимой всеми руководителями системы образования.

Пути разрешения этого противоречия могут быть найдены только с учетом психолого-педагогических аспектов обучения и воспитания современных учащихся и студентов.

1. Роль психолого-педагогических аспектов преподавания физики студентам, обучающимся без отрыва от производства

Процесс обучения – это не только целенаправленная, специально организованная система учебной и воспитательной деятельности профессорско-преподавательского состава, руководства вуза и общественных организаций по подготовке квалифицированных кадров. Процесс обучения – процесс двусторонний, активную роль в нем играют обе стороны – и преподаватель, и студент.

Практика показывает, что эффективность функционирования процесса обучения, качество подготовки выпускников вуза во многом зависят от степени осознания педагогами и студентами задач обучения, воспитания, психологической направленности и личностного развития будущих специалистов.

Задачи процесса обучения вытекают из общей цели образования и направлены на ее достижение. Они определяют взаимосвязанную и взаимообусловленную деятельность субъектов и объектов этой сложной системы. Под *субъектом* процесса обучения понимается профессорско-преподавательский состав образовательного учреждения, а также общественные организации, функционирующие в вузе. Ведущая роль в организации процесса обучения принадлежит преподавателям. Преподаватель активно взаимодействует со студентами с целью не только обеспечения их знаниями, навыками, формирования ценностных ориентиров, профессионально значимых и психологических качеств личности, взглядов, убеждений, способов мышления, но и развития способности студентов к самообучению.

Объектом процесса обучения и одновременно его субъектом выступает студент. Особенностью студентов, обучающихся без отрыва от производства является то, что обучающиеся – это взрослые люди со своими устоявшимися взглядами, системой ценностей, своими жизненными ориентирами, сильными и слабыми сторонами, которых отличает широкая направленность интересов, эмоциональная, волевая и физическая зрелость, смелость в суждениях и поступках. Это уже сформировавшиеся личности.

Характер задач процесса обучения определяет содержание его составных частей: обучение, воспитание, психологическое развитие, развитие способности к самообразованию.

Обучение – это целенаправленный организованный процесс совместной деятельности преподавателей и обучающихся. В ходе обучения студенты овладевают знаниями, навыками, умениями, предусмотренными стандартом обучения и учебной программой. Преподаватели при этом руководят познавательной, практической деятельностью обучающихся, побуждают их к активной работе, развивают умение самостоятельно приобретать новые знания, ориентироваться в быстро растущем потоке научной и социальной информации.

Воспитание – целенаправленное организованное формирование у студентов научного мировоззрения, нравственных идеалов, норм и отношений, высоких морально-психологических и других качеств.

Психологическое развитие – процесс формирования у студентов положительного эмоционального отношения к обучению, увлеченности своим делом.

Самообразование – целенаправленная самостоятельная работа по приобретению, углублению и совершенствованию знаний, навыков, умений.

По своему содержанию все названные составляющие процесса обучения органически связаны между собой. Так воспитание придает обучению, психологическому развитию социальную направленность и выступает в качестве важнейшего средства активизации познавательной деятельности студентов. В ходе процесса обучения решаются не только задачи приобретения знаний, но и осуществляются воспитание и психологическое развитие студентов. Органическая связь и единство воспитания, обучения, образования и психического развития не означает тождества этих процессов. Между ними существует диалектическая взаимосвязь. Вместе с тем, общность цели – подготовка в вузе профессиональных специалистов – объединяет их в единое понятие – процесс обучения или образовательный процесс.

Каждый из элементов функционально-содержательной структуры образовательного процесса представляет собой, по существу, относительно самостоятельную подсистему, имеющую свои цели, задачи, содержание, закономерности, принципы, методы, формы и средства, а также характеризующие ее результаты.

Образовательный процесс – целостная система, главное интегративное свойство которой – формирование у обучающегося способности к выполнению социально обусловленных функций. Однако общество заинтересовано в том, чтобы их выполнение соответствовало высокому уровню качества, а это возможно при условии функционирования процесса обучения как целостного явления.

Целостному образовательному процессу присуще внутреннее единство составляющих его компонентов, их гармоничное взаимодействие. Любая деятельность, наполненная нравственно-этическими элементами, вызывающая положительные переживания и стимулирующая мотивационно-ценностное отношение к окружающей действительности, отвечает требованиям целостного образовательного процесса.

Сущность процесса обучения студентов изучается дидактикой (теорией обучения) высшей школы. Исследуя закономерности образовательного процесса, она определяет дидактические принципы, выявляет эффективные методы, формы, средства и технологии обучения, пути их развития и совершенствования.

По своей структуре образовательный процесс представляет собой взаимосвязанную деятельность педагога и обучающегося, т.е. двусторонний неразрывный процесс преподавания и учения – передачи, получения, формирования знаний.

Преподаватель организует процесс обучения таким образом, что, излагая в систематизированном виде учебный материал, развивает у студентов познавательный и профессиональный интерес к предмету, совершенствует способности и умения самостоятельно приобретать знания, овладевать профессиональным мастерством, анализирует работу студентов, контролирует качество усвоения знаний. При решении этого комплекса взаимосвязанных задач преподаватель выступает, прежде всего, в качестве организатора учебно-познавательной деятельности обучающихся.

Студент же, в свою очередь, в процессе обучения активно овладевает обобщенными способами учебных действий, решает поставленные перед ним задачи, осуществляет самоконтроль, представляет результаты своей работы для проведения внешнего контроля и оценки. Таким образом, обучение представляет собой деятельность студента по изучению общественно-исторического опыта и формированию на этой основе индивидуального опыта путем осуществления совокупности учебно-познавательных действий.

О том, как рационально распределить обязанности между преподавателем и обучающимися очень мудро и поучительно говорил А. Дистервег, считающий, что плохой учитель преподносит истину, а хороший – учит ее находить.

Стержнем обучения является учебно-познавательная деятельность студентов, отражение в их сознании изучаемого материала, творческого его осмысления и практическое использование приобретенных знаний, ибо по словам А. Дистервега «не в количестве знаний заключается образование, но в полном понимании и искусном применении всего того, что знаешь».

Обучение следует понимать не как процесс «передачи» готовых знаний от педагога к студенту, а как широкое взаимодействие между ними с целью развития личности студента посредством усвоения им научных знаний и способов деятельности.

Необходимость комплексной реализации всех компонентов содержания обучения и направленность образовательного процесса на всестороннее творческое саморазвитие личности обучающегося обусловливают следующие функции обучения:

- *образовательная* – вооружение студента системой специальных знаний, навыков и умений;
- *воспитательная* – формирование качеств личности;
- *развивающая* – развитие интеллекта.

Все названные функции взаимосвязаны и взаимообусловлены.

В современном потоке информации, когда в основу дидактической задачи ставится усвоение знаний как единственной цели образования, остается в стороне воспитание развитой личности обучаемого. Психолого-педагогическая задача состоит в том, чтобы научить студента учиться, сделать его обучаемым, что немаловажно, когда идет тенденция к увеличению информативности. В образовательном процессе участвуют преподаватели и студенты. Результат обучения зависит от характера их взаимодействия. К сожалению в настоящее время личный контакт преподавателя и студента все больше заменяется виртуальным дистанционным обучением. Вместо традиционного экзамена вводится тестирование. Все более явным становится противоречие между стремительно развивающимися ИКТ, предоставляющими огромные возможности, в том числе и для самообразования, с одной стороны, отставанием в их овладении преподавателями среднего и старшего поколения в сравнении со студентами, с другой стороны, и снижением заинтересованности студентов в получении фундаментальных знаний, с третьей стороны. Эти противоречия осложняют учебный процесс (Рис. 1).

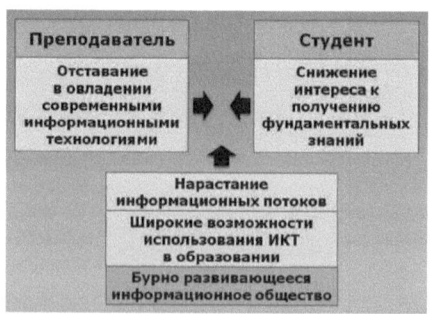

Рис. 1. Противоречия, существующие в системе современного образования.

Резкий контраст форм и методов изучения естественнонаучных дисциплин в школе и в вузе приводит к тому, что сформированный уровень мышления студентов-первокурсников не позволяет в полной мере изучить вузовский программный материал. К сожалению, все чаще современные первокурсники не умеют, а некоторые не желают учиться, несмотря на то, что хотят получить высшее образование. Вчерашним школьникам присуща низкая самоценность знаний (Рис. 2). Часто можно слышать от студента, запомнившего простую какую-нибудь формулу и закон, что он «теперь физику уже знает», то есть все чаще студент обладает лишь поверхностными формальными знаниями, не умея применить их на практике.

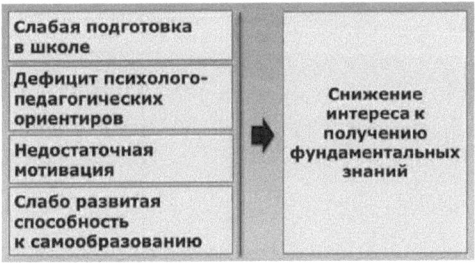

Рис. 2. Некоторые причины снижения
интереса студентов к получению знаний.

Одной из причин возникновения вышеназванных проблем является так же то, что в образовательном процессе мало внимания уделяется психолого-педагогическим вопросам. В результате дефицита психолого-педагогических ориентиров у студентов вообще, и особенно студентов, обучающихся без отрыва от производства, слабо развивается готовность к самообразованию, хотя успех процесса обучения сильно зависит от степени готовности студента к этому. Для студентов, обучающихся без отрыва от производства, самостоятельная работа была и остается основной формой обучения. Им не просто мобилизовать себя на самостоятельную работу, на самостоятельное изучение сложных инженерных дисциплин. Чтобы помочь таким студентам эффективно организовать самостоятельную работу, преподаватель обязан задействовать весь арсенал психолого-педагогических средств, создающих целостность образовательного процесса.

Как уже было отмечено, образовательный процесс (процесс обучения) включает следующие составляющие компоненты: образовательную (предметно-содержательную), развивающую и воспитательную (Рис. 3).

Рис. 3. Составляющие образовательного процесса.

Образовательная составляющая включает содержательную часть: знание конкретного учебного материала по изучаемому предмету. Если речь идет о физике, то это знания физических явлений и законов, методик проведения эксперимента.

Развивающая составляющая основана на логическом мышлении, умозаключениях и логических операциях. В естественнонаучных дисциплинах, которые построены по строгой логической структуре, эта составляющая играет большую роль.

Воспитательная составляющая подразумевает умение планировать свою учебную деятельность, корректировать ее ход и оценивать конечный результат. При обучении студента вечернего факультета эти три составляющие должны находиться в строгом взаимодействии. Не зря в педагогических университетах наряду с дидактикой уделяется большое внимание изучению педагогики, психологии и логики. Однако в сложившихся в современном мире условиях основное внимание стало уделяться только знаниевой составляющей образовательного процесса. При этом в стороне остаются развивающая (логическая) и воспитательная (психологическая) составляющие развития обучающегося.

Происходит это потому, что идет процесс резкого возрастания объема информации, знаний, необходимых современному специалисту. Однако, срок обучения в вузе ограничен несколькими годами. Объем информации накапливается столь быстро, что за время обучения студента в вузе, объем необходимых ему знаний для того, чтобы стать конкурентоспособным специалистом увеличивается многократно. Заканчивая вуз, выпускнику нужно практически сразу проходить повышение квалификации, осваивания вновь усовершенствованные промышленные технологии. Отсюда следует, что необходимо усовершенствовать и своевременно обновлять содержание учебных курсов, интенсифицировать учебный процесс.

1.1. Психолого-педагогические аспекты использования современных информационных технологий

Компьютерная техника, в частности, да и ИКТ в целом, быстро развиваются, что в свою очередь требует разработки новых педагогических технологий, учитывающих дидактические возможности новых, более совершенных информационных средств. Появление новых информационных технологий и их, хотя и медленное, внедрение в процесс обучения студентов выявило недостаточность форм традиционного обучения, его целей, дидактических задач и способов организации.

Структура учебной деятельности включает в себя внешнюю и внутреннюю (ориентировочную и исполнительную) стороны, а также систему разнообразных учебных действий и форм проведения в ходе педагогического процесса.

Проблема содержательной стороны учебной деятельности считается главной, и ее актуальность значительно возрастает при использовании ИКТ в образовательном процессе. В частности, применение интерактивных образовательных комплексов в процессе обучения оказывает значительное влияние на способы предъявления содержания обучения. В данном контексте особое значение имеют интеллектуальная, личностная и межличностная рефлексия, умение учащихся понимать логику моделируемой компьютером учебной работы.

В системе знаний выделяются две подсистемы, одна из которых отвечает за категории данного учебного предмета, а другая представляет собой совокупность знаний, овладение которыми необходимо для усвоения первой подсистемы и для достижения целей обучения. Разделение учебной деятельности на две подсистемы является главным условием эффективности обучения с помощью компьютера.

Исследования психологов показали, что человек запоминает 15% информации, получаемой им в речевой форме, и 25% – в зрительной. Однако, если эти способы передачи используются одновременно, то он может воспринимать до 40% полезной информации. Если же добавляется активная деятельность, в частности, учебная деятельность, то процент усвоения информации приближается к 90% (Рис. 4).

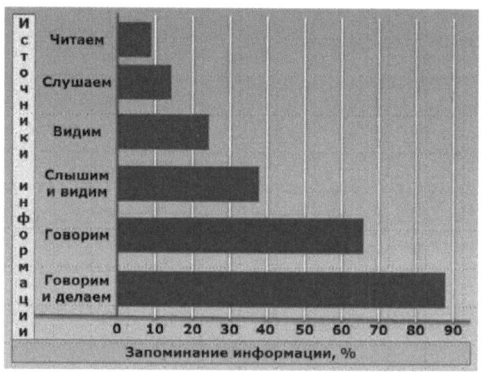

Рис. 4. Зависимость объема запоминаемой информации

от способа ее восприятия.

Отсюда вытекает существенная роль технологии мультимедиа в процессе обучения. Получение информации через зрительную систему

14

осуществляется на трех уровнях: ощущение, восприятие и представление, а через слуховой канал – только на уровне представления. Грамотное использование интерактивных комплексов в процессе обучения приводит к активизации внимания обучаемого, расширяет возможности воображения, развивает память, усиливает эмоции. Особое значение этот фактор имеет при изучении предметов естественно-научного цикла.

Восприятие и обработка информации определяется двумя переменными: содержанием стимулов и ожиданием. Чем сильнее ожидание при обработке информации, тем меньше информации необходимо для его подтверждения. Наибольший объем информации обрабатывается тогда, когда студент встречается со сложными моделями или задачами. Восприятие информации зависит от правильного расположения ее на экране, от выбора соответствующих шрифтов и цветовой гаммы, благоприятно воздействующей на психику обучаемого.

Существенным фактором, свидетельствующим о том, насколько обучающийся продвигается вперед в приобретении багажа знаний и умений, являются эмоции. Чтобы учебный материал прочно усваивался, необходимо учитывать следующие аспекты:

- удобство формы представления учебного материала;
- уровень сложности изучаемого материала;
- значимость и важность изучаемого материала;
- структурность и объем информации;
- привлекательность и интерактивность;
- обратная связь с обучающимся.

Понимание информации достигается успешнее, если она представляется в интерактивном виде и содержит не только статическую, но и динамическую составляющую предъявляемого учебного материала. Так, например, при работе с интерактивными компьютерными моделями, с интерактивной доской включаются все каналы восприятия, высок уровень возбуждения, максимальна комфортность процесса обучения. Работа с интерактивным комплексом является средством, которое помогает обучающимся развить память, умственную деятельность, способность решать проблемы.

2. Основные факторы, влияющие на успешное самообразование студента

Известно, что развитие готовности студента к самообразованию базируется на четырех компонентах: мотивационной, интеллектуальной, творческой и процессуально-организационной (Рис. 5).

Рис. 5. Компоненты готовности студента к самообразованию.

2.1. Мотивационная составляющая самообразования

Внутренняя мотивация – это одна из главных компонент для творческого изучения предмета. Студент не может изучать сложные дисциплины естественнонаучного блока, не осознавая, какую образовательную нагрузку они несут в его будущей работе. Особое значение это имеет для студентов, обучающихся без отрыва от производства на вечернем отделении вуза. Создание внутренней мотивации у студента необходимо для того, чтобы показать ему важность и необходимость изучения таких дисциплин, как математика и физика, требующих усиленной мыслительной деятельности. Кроме того, студенты, обучающиеся на первом курсе, и не имеющие достаточной физико-математической подготовки, и еще мало знающие о своей будущей специальности, нуждаются, чтобы связь физика-специальность была раскрыта.

Вопрос о роли внутренней мотивации в образовательном процессе в этой работе ранее уже затрагивался. Однако, говоря об организации самостоятельной работы, придется вернуться к некоторым моментам, касающимся внутренней мотивации. К сожалению, в образовании мотивационной составляющей не уделялось должного внимания. Анализ существующих учебников и учебных пособий по математике, физике и другим естественнонаучным дисциплинам показал, что они в основном носят абстрактный, а не адресный характер. Были попытки издать курс физики с профессиональной направленностью. Так был издан учебник по физике для медицинских вузов, где разрушена физическая структура и логика и вместо фундаментального физического курса получилось пособие наподобие прикладной физики.

В качестве примера, где такие ошибки постарались быть учтены, является учебное пособие по физике [12], разработанное коллективом кафедры физики МГАКХиС и изданное специально для студентов строительных специальностей. В данном пособии учтены психолого-педагогические аспекты преподавания – изложение материала идет от упрощенного изложения физических законов и описания сути физических явлений к теоретическим выводам с постепенным их усложнением. В конце изложения каждого физического закона или явления указывается область его применения, дается краткое описание технологий, применяемых, в частности, в строительстве, основанных на этих явления и законах. В пособии широко используется строительная тематика в примерах по применению физических законов и явлений в строительстве, и тем самым создается внутренняя мотивация для заинтересованного освоения курса физики.

Ценность данного пособия еще и в том, что в стране нет подобных аналогов (на момент его выхода). Существующие учебники и учебные пособия для технических вузов не имеют адресной направленности. Обучение бывшего слабого школьника по таким учебникам малоэффективно, т.к. они не формируют внутреннюю мотивацию, столь необходимую для активизации познавательной деятельности.

Пособие по физике для студентов-заочников инженерно-строительных специальностей допущено Научно-методическим советом по физике Министерства образования и науки Российской Федерации в качестве учебного пособия для студентов высших учебных заведений, обучающихся по техническим направлениям подготовки и специальностям.

Для контроля усвоения материала в дополнение к данному пособию издан сборник тестов [13], содержащий более 100 вопросов. Тесты позволяют студентам самостоятельно контролировать усвоение материла.

Печатное издание данного пособия, содержащее необходимый теоретический материал в виде курса лекций, входит в состав учебно-методического комплекса, который включает также:

- рабочие программы курса;
- описания лабораторных работ для выполнения студентами в лабораториях кафедры;
- сборник задач с примерами решения – задания для практических аудиторных занятий и для самостоятельных работ студентов;
- тесты для самопроверки, необходимые студенту на этапе подготовки к зачету или экзамену
- зачетно-экзаменационные вопросы.

Авторы пособия очень надеются, что оно будет хорошим помощником студентам при освоении ими курса физики и окажет дополнительную помощь при планировании ими процесса обучения.

Аналогичный учебно-методический комплекс разработан и по высшей математике.

2.2. Интеллектуальная составляющая – необходимый фактор для самообразования

Мотивационный фактор еще недостаточен, чтобы студент смог организовать самостоятельную работу, особенно по дисциплинам естественнонаучного цикла. Ко всякой самостоятельной деятельности человек должен быть подготовлен: он должен знать, что и как ему надо делать. Иными словами, для выполнения задания интеллектуальный уровень человека должен соответствовать поставленной задаче. Естественнонаучные дисциплины преподаются на начальных курсах и здесь важно, чтобы задания для самостоятельной подготовки, особенно на начальном этапе, были адекватны уровню подготовленности студента. Эта проблема как раз сегодняшнего дня, когда уровень подготовки абитуриентов по физике не соответствует требованиям вуза. По этому вопросу можно сколько угодно сетовать, но разрушенную непрерывность в образовательной цепочке школа-вуз надо восстанавливать, чтобы двигаться вперед. Эта проблема, безусловно, должна решаться на уровне министерства образования.

В такой ситуации, когда вуз получает контингент, не подготовленный ни по уровню знаний, ни психологически к серьезному усвоению материала, необходимо адаптировать студента к вузовскому курсу через коррекцию знаний и психолого-педагогические аспекты методики. Необходимо решить проблему создания контекста профессиональной направленности в курсе общей физики. Суть этой проблемы заключается в том, чтобы создать студенту психологический настрой на изучение дисциплины. Для решения этой проблемы при изучении физики может использоваться описанный выше учебно-методический комплекс.

Для формирования интеллектуальной компоненты необходимо широко использовать дидактический принцип процесса познания. Согласно этому принципу, задания для самостоятельной подготовки студентов должны строиться строго диалектически: от простого к сложному, от частного к общему. Это позволит постепенно переводить студента с низкого на более высокий уровень знаний, то есть поэтапно формировать знания.

Такой принцип использован, во-первых, при разработке методических указаний и контрольных заданий, где в первую часть включены задачи пониженной степени сложности, решение которых ориентировано на качественное понимание теоретических вопросов, рассматриваемых в изучаемом разделе.

Кроме того, при разработке данного пособия использована методика, делающая более эффективной самостоятельную работу студентов над контрольными заданиями. Для этой цели в некоторых задачах использована строительная тематика, а часть их представляет собой лабораторный эксперимент в виде теоретической задачи.

Во-вторых, такого же принципа перехода от простого к сложному необходимо придерживаться, создавая комплект работ лабораторного практикума. На первом этапе работы в лаборатории инструкции к лабораторным работам содержат детально прописанные поэтапные действия студента, даются готовые рабочие таблицы, теоретический материал приводится в расширенном варианте.

Такая методика обучения позволяет студентам достаточно эффективно осваивать учебный материал в том объеме, который входит в лабораторный практикум. Кроме того, в значительной степени облегчается работа преподавателя, так как появляется возможность работать одновременно со всей группой студентов. Из подробно изученных разделов курса физики на экзамен выносятся только ключевые вопросы, что позволяет студенту больше времени уделить на подготовку к экзамену по разделам, не вошедшим в лабораторный практикум.

2.3. Творческий подход при самообразовании

Важной компонентой при организации самостоятельной работы является развитие у студента творческой деятельности. Чтобы добиться творческого отношения к самостоятельному труду, большое внимание уделяется индивидуальному подходу к обучению. Наиболее результативны в этом случае индивидуальные консультации, которые построены по принципу выяснения глубины понимания определенного вопроса. На этих консультациях студент обязан предъявить материал, показывающий, что он действительно работал над заданием, и как он это делал, например, предъявить черновики решения и, конечно, он должен показать, что четко понимает условие задачи. Студентам дается возможность сдавать не все задание сразу, а по частям, что позволяет ему глубже вникнуть в изучаемую тематику. Преподаватель устанавливает качество труда, степень понимания и выполнения задания, после чего меняет задание, переводя студента на более высокий уровень творчества. Такие требования стимулируют студента вникать более глубоко в суть изучаемого вопроса и развивают аналитическое мышление. Для этого необходимо изменить стиль консультаций, когда преподаватель все говорил и делал в надежде, что он будет услышан студентом. Индивидуальные консультации должны носить не столько информационный характер, сколько управлять процессом творчества при самоподготовке студентов, обучающихся без отрыва от производства.

2.4. Процессуально-организационные моменты при организации самоподготовки

Важными компонентами при формировании готовности студентов к самообразованию являются процессуально-организационные моменты. Контингент студентов в большинстве случаев имеет перерыв в учебе, многие студенты фактически не умеют самостоятельно работать (учиться). В самостоятельной работе важно знать, что главное, а что второстепенное, с чего начинать работу и как ее заканчивать. Здесь важен подробный инструктаж, который регламентирует процесс организации самостоятельной работы. Давать инструкции, просто содержащие указания, когда, что и в какой последовательности делать, мало эффективны. Необходимо учитывать стереотип поведения и склад мышления студента-вечерника. У студентов, обучающихся без отрыва от производства, максимально развиты практические навыки и уровень волевой саморегуляции. Как бы мы их ни ругали, они, совмещая работу с учебой, демонстрируют организованность во время сессий. Основным недостатком в их учебной работе является то, что они самостоятельно не могут организоваться на изучение теоретического материала, особенно по точным наукам.

Наиболее успешной у вечерников получается работа в лабораторном практикуме. Здесь в наибольшей степени проявляется их конструкторское мышление, желание внести в лабораторную установку конструктивные изменения. Эту сторону важно задействовать максимально и впервые на кафедре физики был введен в практику домашний эксперимент, выполняемый с помощью подручных средств [14, 15]. Так же впервые был соотнесен лабораторный эксперимент с контрольными заданиями, то есть с физическими задачами. В результате студенты опосредованно, через эксперимент, могут осваивать теоретический материал. Большая роль отводится инструкции по организации самостоятельной работы студентов. Здесь важно качество инструктажа: его переход от непосредственного к опосредованному. Со временем инструктаж исключается вообще, когда для студента самоподготовка становится привычным делом.

3. Формы организации образовательного процесса в вузе

3.1. Традиционные лекции

В высшей школе при устном изложении учебного материала в основном используются словесные методы обучения. Среди них важное место занимает вузовская лекция. Слово «лекция» имеет латинский корень «lection» – чтение. Она выступает в качестве ведущего звена всего дидактического цикла обучения и представляет собой способ изложения объемного теоретического материала, обеспечивающий целостность и законченность его восприятия студентами. Лекция дает систематизированные основы научных знаний по дисциплине, раскрывает состояние и перспективы развития соответствующей области науки и техники, концентрирует внимание обучающихся на наиболее сложных и ключевых вопросах, стимулирует их активную познавательную деятельность и способствует формированию творческого мышления.

В настоящее время наряду со сторонниками существуют и противники лекционного изложения учебного материала в вузе. В их аргументах есть значительная доля истины, над этими аргументами преподавателям стоит задуматься. Каковы же доводы противников лекций?

1. Лекция приучает к пассивному восприятию чужих мнений, тормозит самостоятельное мышление студентов. Чем лучше подготовлена и проведена лекция, тем вероятность этого больше.
2. Лекция отбивает вкус к самостоятельным занятиям.
3. Лекции нужны, если нет учебников или их мало.
4. Одни студенты успевают осмыслить, другие – только механически записать слова лектора. Это противоречит принципу индивидуализации обучения, и т.п.

Однако опыт обучения в высшей школе свидетельствует о том, что отказ от лекции снижает научный уровень подготовки студентов, нарушает системность и равномерность их работы в течение семестра. Поэтому лекция по-прежнему остается ведущей формой организации образовательного процесса в вузе.

Указанные недостатки в значительной степени могут быть преодолены правильной методикой и рациональным построением изучаемого учебного материала, оптимальным сочетанием лекции с другими формами обучения – семинарами, практическими и лабораторными занятиями, самостоятельной работой студентов.

Дидактические и воспитательные цели лекции очень важны – это и возможность дать студентам современные, целостные взаимосвязанные знания, и обеспечить в процессе лекции творческую работу студентов совместно с преподавателем, и воспитать у студентов любовь к изучаемому учебному предмету, развить у них самостоятельное творческое мышление.

Основными функциями лекции выступают познавательная (обучающая), развивающая, воспитательная и организующая функции.

Познавательная функция лекции выражается в обеспечении студентов знаниями основ науки и определении научно-обоснованных путей решения практических задач и проблем.

Развивающая функция лекции состоит в том, что в процессе передачи знаний она ориентирует слушателей не на память, а на мышление, то есть учит их думать, мыслить научно.

Воспитательная функция лекции реализуется в том случае, если ее содержание пронизано таким материалом, который воздействует не только на интеллект студента, но и на их чувства. Этим обеспечивается единство обучения и воспитания в ходе образовательного процесса.

Воспитательный эффект в процессе лекции имеют и такие аспекты, как личность преподавателя, его авторитет, отношение аудитории к преподавателю как личности.

Организующая функция лекции предусматривает, в первую очередь, управление самостоятельная работой студентов.

Эта функция сознательно усиливается преподавателем при чтении установочных и обзорных лекций, а также лекций по темам, за которыми следует проведение семинаров, практических и лабораторных занятий.

Анализ функций, реализуемых в лекции, показывает ее ведущую роль в числе других форм обучения, так как именно лекция дает исходные научные сведения.

Лекция всегда сопровождается применением средств визуализации изучаемого материала. Опыт свидетельствует, что традиционные мел, доска и статические иллюстрации сегодня все еще являются той основой, на которой строится лекционный этап обучения. Эти средства позволяют образно и, в некоторой степени, наглядно представить студентам самую важную часть учебного материала, в определенной степени облегчая его восприятие и понимание. Классная доска на лекции выступает как первое и основное средство наглядности, которое, однако, все чаще дополняется экраном и мультимедиа проектором, а в редких, пока, случаях, и интерактивной доской.

Физика – наука экспериментальная, а значит и преподавание физики на всех его этапах должен сопровождать эксперимент. Так, в лекционной части курса физики обязательным должен являться демонстрационный эксперимент. Пока же, к сожалению, преподавателям на своих лекциях чаще приходится взывать к проведению мысленных экспериментов. Отчасти этот пробел может быть устранен использованием ИКТ и цифровых (электронных) образовательных ресурсов, демонстрирующих изучаемые процессы и явления.

ИКТ позволяют расширять творческую деятельность и при самоподготовке. Появились интерактивные доски, позволившие проводить общение со студентами не формально, а в активном творческом режиме. Студент, в этом случае, имеет возможность предъявить преподавателю материал, показать, как он работал, а преподаватель – внести коррективы в его работу, упростить или усложнить задание, то есть регулировать творческий процесс студента.

3.2. Семинары как методы обсуждения учебного материала

Семинар (от лат. seminarium – рассадник знаний) – один из основных методов обсуждения учебного материала в высшей школе. Семинары проводятся по наиболее сложным вопросам (темам, разделам) учебной программы с целью углубленного изучения учебной дисциплины, привития студентам навыков самостоятельного поиска и анализа учебной информации, формирования и развития научного мышления, умения активно участвовать в творческой дискуссии, делать правильные выводы, аргументировано излагать и отстаивать свое мнение.

Успех семинара, активность студентов во время его проведения закладываются на лекции, которая, как правило, предшествует семинару. Лекционный курс, его содержательность, глубина, эмоциональность в значительной мере определяют уровень семинара.

В настоящее время семинары все больше исключаются из учебных планов по естественнонаучным дисциплинам из-за сокращения лимита времени на аудиторные занятия, хотя именно семинарские занятия способствуют расширению общего научного кругозора, ознакомлению студента с важнейшими проблемами и исследованиями в области естественных наук.

3.3. Практические занятия

Наряду с лекциями используются также и практические занятия, являясь дополнением к лекционному курсу в системе профессиональной подготовки студентов.

Содержание этих занятий и методика их проведения обеспечивают развитие творческой активности личности. Они развивают творческое мышление, позволяют закрепить и проверить знания студентов. В связи с этим практические занятия, семинары и лабораторные работы выступают важным средством достаточно оперативной обратной связи. Поэтому практические занятия выполняют не только познавательную и воспитательную функции, но и функцию контроля роста студента как специалиста.

Практические занятия, проводимые для студентов вечернего отделения, представляют, как правило, занятия по решению различных прикладных задач, образцы которых были даны на лекциях. В итоге у каждого студента должен быть выработан определенный подход к решению каждого типа задач.

В системе обучения существенную роль играет очередность лекций и практических занятий. Лекции являются первым шагом подготовки студентов к практическим занятиям. Задачи, поставленные в ходе лекции, на практическом занятии приобретают конкретное выражение и решение. Подобного аналога среди других видов занятий лекция не имеет.

Таким образом, лекция должна готовить студентов к практическому занятию, а практическое занятие – к очередной лекции. Опыт показывает, что чем дальше лекционный материал находится от материала, рассматриваемого на практическом занятии, тем тяжелее преподавателю вовлечь студентов в творческий поиск.

3.4. Лабораторный практикум

Лабораторные работы – один из видов самостоятельной деятельности студентов, существенный элемент образовательного процесса в вузе, в ходе которого студенты вплотную сталкиваются с практической деятельностью в конкретной области. Лабораторные занятия, как и другие виды практических занятий, являются как бы средним звеном между углубленной теоретической работой студентов на лекциях, семинарах и применением знаний на практике. Эти занятия удачно сочетают элементы теоретического исследования и практической работы.

Выполняя лабораторные работы, студенты лучше усваивают программный материал, так как многие расчеты и формулы, казавшиеся отвлеченными, становятся вполне конкретными, происходит соприкосновение теории с практикой, что в целом содействует уяснению сложных вопросов науки, техники и технологий.

Само значение слов «лаборатория», «лабораторный» (от лат. labor – труд, работа, трудность, laboro – трудиться, стараться, хлопотать, преодолевать затруднения) указывает на сложившиеся понятия, связанные с применением умственных и физических усилий к изысканию ранее неизвестных путей и средств для разрешения научных и прикладных задач.

Не случайно слово «практикум», применяемое для обозначения определенной системы практических (преимущественно лабораторных) учебных работ, выражает ту же основную мысль (греч. praktokos) деятельный, следовательно, предполагаются такие виды учебных занятий, которые требуют от студентов усиленной мыслительной и творческой деятельности.

Ни одна из форм учебной деятельности не требует от студентов такого проявления инициативы, наблюдательности, самостоятельности, как работа в лаборатории. Поэтому все кафедры, ведущие общенаучные, общеинженерные, технические и специальные дисциплины, отводят в учебных планах на лабораторные занятия до 20-30% учебного времени.

Особую роль играет лабораторный практикум в курсе естественно-научных дисциплин. Лабораторные занятия – это один из видов самостоятельной практической работы студентов, на которых путем проведения экспериментов происходит углубление и закрепление теоретических знаний студентов.

Поэтому во всех документах, касающихся высшей школы, содержатся указания о необходимости дальнейшего совершенствования и активизации лабораторного практикума как важнейшего средства повышения профессиональной подготовки будущих специалистов. Оно должно идти по пути рационального подбора содержания, улучшения организации, модернизации лабораторного оборудования и методического обеспечения.

В общенаучных и общеинженерных учебных дисциплинах на лабораторные занятия выносят материал, позволяющий иллюстрировать основные закономерности изучаемой науки, применять методы измерений для изучения основных физических законов, процессов и явлений, и их анализа; прививать студентам умение многосторонне описывать и объяснять суть изучаемых процессов и явлений.

Организуя лабораторные занятия, общенаучные и общеинженерные кафедры принимают во внимание не только свои предметные задачи, но и учебные задачи других кафедр. Преемственность в осуществлении экспериментальной подготовки между кафедрами достигается, прежде всего, строгой согласованностью учебных программ, и, в частности, программ лабораторных занятий.

Таким образом, само построение лабораторного практикума должно способствовать установлению логических связей профилирующего курса с другими учебными дисциплинами.

При выполнении лабораторной работы перед студентами ставится задача освоить две группы навыков – общенаучные и общеинженерные.

Общенаучные навыки (преимущественно эмпирические – наблюдение, эксперимент, измерение) включают постановку проблемы, выдвижение гипотезы, выбор физической или математической модели, проведение эксперимента, грамотную запись результатов измерений, их математическую обработку и анализ, оценку погрешностей и границ применения используемой модели.

Общеинженерные навыки – навыки правильного выбора приборов, необходимых для проведения эксперимента, его планирования, освоения незнакомой аппаратуры, сборки установки, регулирования и калибровки приборов, определения пределов их измерений, графического и аналитического представления результатов эксперимента. Их формирование осуществляется в ходе выполнения системы лабораторных работ по всем учебным курсам.

Учебный лабораторный эксперимент по физике призван дать возможность студенту самостоятельно воспроизвести физическое явление, подтвердить теоретическое положение экспериментом, произвести измерения физических величин, установить их взаимосвязь, а главное – приобрести навыки научно-исследовательского поиска. Студент должен научиться определять цель работы, разрабатывать план эксперимента, выбирать методику и средства его проведения, обрабатывать результаты.

Сложившаяся структура лабораторных практикумов по физике в технических вузах (Рис. 6) не всегда отвечает тем дидактическим задачам, которые придают учебным лабораториям научно-исследовательскую направленность. Во-первых, во многих технических вузах выполнение студентом лабораторных работ происходит по единому алгоритму. В структуре построения эксперимента не прослеживается диалектика развития творческих навыков, необходимых для научных исследований. Во-вторых, на проведение лабораторной работы отводится 2-4 часа, что явно недостаточно для проведения содержательного эксперимента. В-третьих, по учебным планам проведение лабораторных работ и изучение теоретического курса по соответствующему разделу проходят параллельно. При такой последовательности, когда эксперимент проводится без достаточной теоретической базы, теряется смысл научного поиска.

Рис. 6. Структура организации лабораторного практикума.

Для совершенствования учебного лабораторного эксперимента кафедра физики предлагает разбить все работы практикума на две группы: 1-я группа должна включать измерительно-демонстрационные работы, а 2-я группа объединять лабораторные работы, носящие научно-исследовательский характер (Рис. 7). Работы 1-й группы нацелены на то, чтобы научить студента методам измерений, подсчета погрешностей, обработки результатов измерений, т.е. научить студента в лабораторных условиях воспроизвести и изучить то или иное физическое явление, установить совпадение или расхождение теории с экспериментом. Именно такие дидактические задачи решают работы, составляющие традиционный лабораторный практикум по физике. Работы этой группы предназначены для студентов первых курсов, они должны содержать жесткую подробную инструкцию по проведению каждой лабораторной работы.

Работы 2-й группы должны быть близки к модели научно-исследовательского эксперимента с его постановочной и измерительной составляющими, с анализом полученных результатов. Работы этой группы предназначены для студентов средних курсов и должны содержать менее подробные инструкции по выполнению, оставляя место для использования частично-поискового метода. Лабораторные работы для студентов старших курсов должны носить исследовательский характер и проводиться в условиях полной самостоятельности, лишь при косвенном контроле преподавателя.

Рис. 7. Предлагаемая структура лабораторного практикума.

При двухуровневой системе высшего образования измерительно-демонстрационный эксперимент вполне соответствует целям бакалавриата, а при подготовке магистров-физиков в учебном процессе должен присутствовать лабораторный практикум с работами второй группы.

В техническом вузе курс физики для специалистов рассчитан на 2 семестра. Целесообразно в первом семестре лабораторный практикум проводить в прежнем формате, а во втором семестре, после прохождения полного теоретического курса, завершать лабораторный практикум выполнением работы, аналогичной курсовой. Эта методика на кафедре отрабатывается как одна из вспомогательных форм организации НИРС с группой наиболее подготовленных студентов. Они получают индивидуальные задания вплоть до конструкторских решений, изготовления макета и сопряжения эксперимента с персональным компьютером.

Законченные работы докладываются в студенческих группах, на заседаниях кафедры и конференциях.

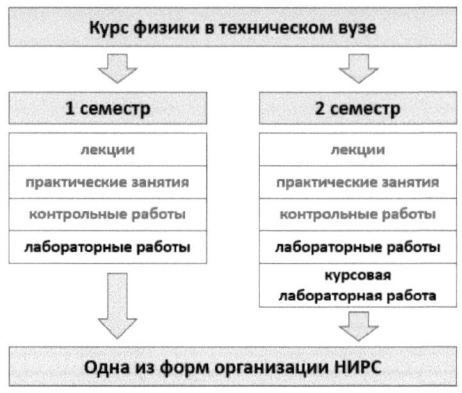

Рис. 8. Предлагаемая структура лабораторного практикума.

Как известно, лабораторный физический практикум играет большую роль в освоении курса физики студентами технического вуза. Поэтому умелое использование информационных технологий обучения повышает эффективность постановки и проведения лабораторного эксперимента. Это особенно важно для студентов вечерней формы обучения, у которых по учебному плану из года в год резко уменьшается число часов работы в лаборатории. Однако полный перевод реального эксперимента в виртуальную форму лишает вечерника, обучающегося и без того в виртуальном режиме, аудиторно-лабораторной работы с современным оборудованием. Слабым местом в постановке лабораторного практикума для них является также нерациональное использование времени работы студента в лаборатории из-за отсутствия надлежащей подготовки к лабораторным занятиям. Внедрение эффективных методик дистанционного и виртуального обучения дают возможность студенту успешно подготовиться к лабораторным занятиям с помощью своего компьютера и даже выполнять в домашних условиях часть виртуальных лабораторных работ. Тем самым, студент может более результативно использовать время работы в лаборатории на экспериментальных установках.

Для реализации такой цели кафедрой физики в разработанный учебно-методический комплекс для студентов включен раздел «Лабораторные работы». Все блоки комплекса («Задачник», «Программы курса», «Лекции» «Тестовые задания для самопроверки» и «Зачетно-экзаменационные вопросы») объединяются одним связующим файлом, а во всех файлах комплекса широко используются гиперссылки, которые позволяют студенту легко перемещаться по всем материалам комплекса, переходя от одного блока к другому и в пределах каждого блока.

Кроме прочего, в комплексе приведены таблицы заданий для выполнения лабораторных работ, которые увязаны с шифром зачетной книжки каждого студента. Эти задания позволяют студенту сразу переходить к изучению необходимых лабораторных работ. Блок лабораторных работ позволяет студенту, используя персональный компьютер или оснащенный компьютерный класс, осознанно подготовиться к лабораторным занятиям.

Дополнение электронным учебно-методическим комплексом наших традиционных методик по организации самостоятельной работы студентов позволяет сделать работу в лаборатории более осознанной и творческой, что, безусловно, приводит к более успешному освоению студентами курса физики.

3.5. Контроль знаний

Традиционно, к формам контроля в вузе относятся защита контрольных работ, зачеты и экзамены. Последнее время часто зачеты проводят в форме тестирования.

Тестирование является хорошим контролем творческого роста студента. Меняя тестовые задания, преподаватель переводит студента на другой творческий уровень. Последние годы все чаще допуск к сдаче зачета и/или экзамена студенты получают только после ответов на тестовые вопросы.

Проводится такое тестирование в компьютерном классе, на экзамен студент приносит преподавателю ведомость с результатами прохождения теста.

В учебно-методический комплекс, разработанный на кафедре физики, входят разделы «Задачник» и «Комплект текстовых вопросов» (более 100 шт.) по всем разделам курса физики.

4. Психолого-педагогические аспекты обучения студентов и информационно-коммуникационные технологии

Особое внимание заслуживает рассмотрение вопросов информатизации образовательного процесса в вузе. В связи с бурным развитием научно-технического прогресса, появлением в вузах средств информационно-коммуникационных технологий, они естественным образом преобразуют весь образовательный процесс.

4.1. Роль информационно-коммуникационных технологий при решении психолого-педагогических проблем образования

Как было показано ранее, организация самообразования сложных дисциплин естественнонаучного блока в основном базируется на четырех компонентах: мотивационной, интеллектуальной, творческой и процессуально-организационной. Все эти составляющие основы самоподготовки делают более эффективными современные технологии обучения. В прежние времена студенту добыть необходимый информационный материал через библиотечные каталоги было очень непростым делом. Сегодня студент легко «скачивает» из интернета нужную ему информацию. Такая возможность позволяет студенту быстрее освоить тот или иной учебный материал.

Информационный поиск в научной и научно-методической литературе, посвященной проблемам информатизации высшего профессионального образования [6, 8, 10] показал, что однозначного толкования понятия «информационная технология обучения» до сих пор так и не выработано. В различных источниках наряду с этим понятием можно встретить такие однопорядковые синонимичные выражения как «новые информационные технологии» (НИТ), «технологии компьютерного обучения», «компьютерные технологии обучения» и др. Хотя два последних, на наш взгляд, несколько устарели, поскольку современный уровень развития информационно-коммуникационных технологий вышел далеко за пределы только компьютерных технологий – сегодня существует (развивается и модернизируется) огромное количество различных мобильных устройств, которые при своей работе не обязательно используют компьютер в обычном понимании слова.

Следует понимать, что прилагательное «новые» применяется в педагогических источниках достаточно часто. В данном контексте речь идет о новаторском подходе, который кардинально изменяет содержание различных видов деятельности как со стороны педагога, так и со стороны студента.

Оснащение вузов новыми аппаратными и программными средствами (периферийными устройствами), наращивающими возможности компьютера, переход в разряд анахронизма понимания его как вычислителя, ЭВМ, постепенно привели к вытеснению термина «компьютерные технологии» понятием «информационные технологии», которые характеризуются средой, где они осуществляются, (Рис. 9), и компонентами, которые они содержат:

- *техническая среда* – вид используемой техники для решения основных задач
- *программная среда* – набор программных средств
- *технологическая среда* – инструкции, порядок пользования, оценка эффективности
- *методическая среда* – методические рекомендации по использованию в ходе образовательного процесса.

Рис. 9. Состав информационно-образовательной среды образовательного учреждения.

Содержательный анализ понятия «информационные технологии», наиболее часто встречающийся сегодня в педагогической литературе, позволил выделить два явно выраженных подхода к его трактовке.

В рамках первого подхода предлагается рассматривать информационные технологии обучения как дидактический процесс, организованный с использованием совокупности внедряемых (встраиваемых) в систему обучения принципиально новых средств и методов обработки данных (методов обучения), представляющих целенаправленное создание, передачу, хранение и отображение информационных продуктов (данных, знаний, идей) с наименьшими затратами и в соответствии с закономерностями познавательной деятельности обучающихся.

Второй подход предусматривает создание определенной технической среды обучения, в которой ключевое место занимают используемые информационные средства.

Таким образом, в первом случае говорится о технологии как процессе обучения, а во втором – об использовании в учебном процессе специфических программно-технических средств.

Анализ научной, научно-популярной и научно-методической литературы по проблеме информатизации высшего профессионального образования, изданной за последнее десятилетие, позволяет утверждать, что превалирующим на сегодняшний день является второй подход, который, безусловно можно назвать технократическим.

Это имеет объяснение. Бурное развитие компьютерной техники и программного обеспечения, начавшееся в 80-90-х годах XX века привело к очевидному проникновению последних в обычную жизнь. Сегодня уже трудно представить жизнь без различного рода технических устройств, и, совершенно очевидно, что средства ИКТ стали «проникать» в образовательные учреждения.

Под информационными технологиями обучения в литературе предлагается понимать дидактический процесс с применением целостного комплекса компьютерных и других средств обработки информации, позволяющий на системной основе организовать оптимальное взаимодействие между преподавателем и обучающимися с целью достижения гарантированного педагогического результата. Следует заметить, что информационные технологии обучения могут рассматриваться не только как процесс, но и как результат ее проектирования педагогом.

На наш взгляд информационные технологии можно рассматривать двояко: или как объект изучения (что для задач, решаемых в курсе подготовки специалистов строительных специальностей малозначимо), или как средство обучения. Во втором случае эффект, который можно достичь, используя информационные технологии для совершенствования образовательного процесса, может быть значительным. Главное – правильно подобрать методику их использования.

С точки зрения классификации информационных технологий обучения, в которых в качестве основных средств обучения используются педагогические программные продукты, несомненный интерес представляет подход, предложенный В.Г. Домрачевым и И.В. Ретинской [1]. В его основу положена дидактическая направленность названных технологий.

С данных позиций информационные технологии обучения предложено различать

– по способу получения знаний,

– по степени интеллектуализации,

– по целям обучения,

– по характеру управления познавательной деятельностью пользователей.

По *способу получения знаний* предлагается различать декларативные и процедурные способы. Технологии декларативного типа ориентированы на предоставление и проверку знаний в виде порций информации. К ним можно отнести такие, в основу которых положено использование компьютерных тестовых и контролирующих программ. Технологии процедурного типа строятся на основе различных моделей, которые позволяют студентам в ходе учебного процесса получать знания по конкретной изучаемой предметной области. К ним можно отнести технологии, использующие пакеты прикладных программ, тренажеры, лабораторные практикумы, интерактивные модели. Данные технологии позволяют организовать исследовательский, творческий подход к обучению.

По *степени интеллектуализации* информационные технологии обучения условно могут быть подразделены на два вида:

– системы программированного обучения

– интеллектуальные обучающие системы.

Системы программированного обучения предполагают получение студентами порций информации (текстовой, графической, аудио, видео – в зависимости от потребности при изучении определенного учебного материала и технических возможностей) в определенной последовательности и контроль ее усвоения в заданных узлах учебного курса. Интеллектуальные обучающие системы характеризуются такими особенностями, как адаптация к знаниям и особенностям пользователей, гибкость процесса обучения, выбор оптимального учебного воздействия, определение причин совершаемых ошибок. Для реализации этих особенностей применяются методы и технологии искусственного интеллекта.

По *целям обучения* информационные технологии предлагается разделить на виды:

- обучение навыкам использования конкретных методов в практической деятельности, получение и систематизация различных фактических данных;
- обучение анализу информации, ее систематизации, творчеству, методике проведения исследования.

По *характеру управления познавательной деятельностью* обучающихся при работе с педагогическими программными продуктами они разделяются на линейные, разветвленные, ветвящиеся, а также программы, содержащие все указанные признаки – комбинированные.

Общество и образование неотделимы. Об этом убедительно свидетельствует то, что любые глобальные перемены, с которыми сталкиваются общество и цивилизация в целом, неизбежно сказываются на состоянии сферы образования. Развитие в XXI веке, его возможности выбирать и реализовывать оптимальную историческую траекторию в полной мере зависят от наличия современных образовательной и информационной сфер общества. Учитывая это, можно утверждать, что стратегические цели, пути и этапы информатизации высшего образования совпадают с общими направлениями информатизации общества в целом.

Поскольку система высшего образования как социальный институт общества выполняет социальный заказ, то она выступает как объект социального управления со стороны государства, которое определяет ее цели и функции, осуществляет финансирование, задает правовые рамки ее деятельности, разрабатывая и проводя ту или иную образовательную политику. В рамках этой политики на государственном уровне разрабатываются и принимаются соответствующие федеральные программы, а также концепции развития и реформирования системы образования. В качестве одного из ведущих направлений развития высшего профессионального образования в России сегодня рассматривается его информатизация. Под информатизацией образования в широком смысле слова понимается комплекс социально-педагогических преобразований, связанных с насыщением образовательных систем информационной продукцией, средствами и технологией, а в узком – с внедрением в образовательные учреждения информационных средств, основанных на микропроцессорной технике, а также информационной продукции и педагогических технологий, базирующихся на этих средствах. Однако, ключевую роль в этом процессе играет грамотно подобранная методика оптимального использования информационно-коммуникационных технологий. Немаловажное значение в процессе информатизации образования имеет уровень подготовки преподавателей, их готовность и возможность использовать как современные средства информационно-коммуникационных технологий, так и умение методически целесообразного их использования в образовательном процессе.

В руководящих документах Правительства Российской Федерации и Министерства образования в качестве стратегической цели информатизации высшей школы провозглашается глобальная рационализация интеллектуальной деятельности за счет использования новых информационно-коммуникационных технологий, радикальное повышение эффективности и качества подготовки специалистов с типом мышления, соответствующим требованиям современного общества.

В результате достижения обозначенной цели в обществе должны быть обеспечены всеобщая информационно-коммуникационная грамотность, предполагающая, в частности, формирование информационной культуры путем индивидуального образования. Эта цель является по своей сути долгосрочной и потому будет сохранять свою актуальность еще довольно долго.

Несмотря на все трудности, переживаемые нашим обществом на современном этапе его развития, процесс информатизации высшего образования в России идет. К сожалению, темпы его остаются весьма низкими. И первоочередной задачей высшего образования является повышение уровня подготовки специалистов за счет совершенствования технологий обучения, применяемых сегодня в высшей школе, и широкого внедрения в учебный процесс информационно-коммуникационных технологий, т.е. создание в вузе специальной профессионально-ориентированной обучающей среды, способствующей возникновению и развитию информационного взаимодействия между обучающимися и преподавателями на основе использования современных технологий обучения.

4.2. Развитие информационных моделей обучения и изменение ролей участников образовательного процесса

Анализ распределения ролей в образовательном процессе позволяет выделить в качестве основных три категории:

– Обучающиеся (студенты);
– Преподаватели;
– Специалисты, определяющие содержание и формы учебного процесса (авторы учебников, создатели образовательных ресурсов и разработчики образовательных инструментов и оборудования) – для сокращения будем называть их «экспертами».

Многообразие образовательных технологий предполагает, что существуют различные варианты взаимодействия трех перечисленных категорий.

4.2.1. Информационная модель репродуктивного обучения

Традиционная информационная модель основывается на идее централизованного формирования источников учебной информации. Учебник и другие дидактические материалы создаются профессиональными авторами или коллективами и содержат рекомендованную педагогической наукой учебную информацию. Преподаватель, как посредник между авторами учебников и студентами, строит свою деятельность таким образом, чтобы помочь студентам освоить рекомендованную информацию и сформировать требуемые знания, умения, навыки. Предполагается также, что студенты по каким-то причинам пропустившие занятия, могут почерпнуть учебную информацию не из общения с преподавателем, а непосредственно из учебников. Контроль успешности обучения возлагается на преподавателя. Данная схема распределения ролей может быть описана информационной моделью, представленной на рис. 10.

Рис. 10. Информационная модель с регламентированными потоками
(модель 1).

Современные тенденции в сфере образования, касающиеся его информатизации, дают ключ к пониманию задач, которые поставлены обществом перед исследователями, прокладывающими пути к инновационной педагогике: «Информатизация образования – это приведение образовательной системы в соответствие с потребностями и возможностями информационного общества» [8].

Процесс информатизации захватывает различные стороны функционирования системы образования. До настоящего времени к приоритетным направлениям относились, главным образом, постановка и решение управленческих и информационных задач, создавались системы планирования учебного процесса, электронные журналы и дневники, системы оценки успеваемости на основании компьютерного тестирования, сайты учебных заведений. При этом значительно меньше внимания, к сожалению, уделялось и уделяется изучению возможного влияния информационных технологий на содержание образования и изменение существующих образовательных практик.

Выделение информатизации образования в отдельную замкнутую сферу, где право на принятие решений доверено экспертам в области ИКТ, может являться одной из причин такого положения дел. Ученые, занимающиеся вопросами инновационной педагогики, авторы учебных пособий, методисты пока не готовы не только стать лидерами процесса информатизации образования, но и учитывать возможности информационных технологий при создании учебно-методических комплексов. Это проявляется и на теоретическом уровне, в частности, в недостаточной проработанности критериев комплексной оценки образовательных решений, основанных на использовании ИКТ.

Сегодня складывается ситуация, в которой «административная» информатизация учебных заведений заметно опережает «содержательную», непосредственно связанную с решением педагогических задач. К сожалению, такое положение, по-видимому, является типичным способом привнесения реформ в систему образования, о неприемлемости которого писал, например, Э.Д. Днепров: «...всякие *только* технологические изменения, мало того что недостаточны – они в определенной мере даже опасны. Ибо при застывшем и во многом изжившем себя содержании образования любые технологические, организационные, экономические и прочие усовершенствования если не вредны, то во многом бесполезны, поскольку они будут лишь более интенсивно воспроизводить застой. Эта очевидная, базовая для осмысленной образовательной политики истина, все еще отнюдь не является всеобщим достоянием и политического, и педагогического сознания» [3].

Тем, не менее, информатизация образования внесла существенные изменения в характер отношений между преподавателями и учащимися и, соответственно, в информационную модель учебной среды. Развитие рыночной индустрии цифровых образовательных ресурсов привело к тому, что большинство электронных изданий адресовано непосредственному потребителю образовательных услуг, то есть учащемуся, студенту. В качестве примера можно привести многочисленные диски с программамирепетиторами, интернет-ресурсы для дистанционного обучения. Создатели таких ресурсов обращались к обучающемуся, минуя преподавателя. При этом создается образовательная ситуация, характерная не для традиционного учебного процесса, а, скорее, для самообразования.

С другой стороны, те преподаватели-практики, которые стремятся использовать достижения ИКТ в своей повседневной деятельности, чаще всего опираются на собственные силы. В результате чего появляются образовательные ресурсы, в том числе, цифровые (электронные) образовательные ресурсы (ЦОР) для обучающихся, сделанные преподавателями. В результате информационная модель существенно изменяется и приобретает вид, изображенный на рис. 11.

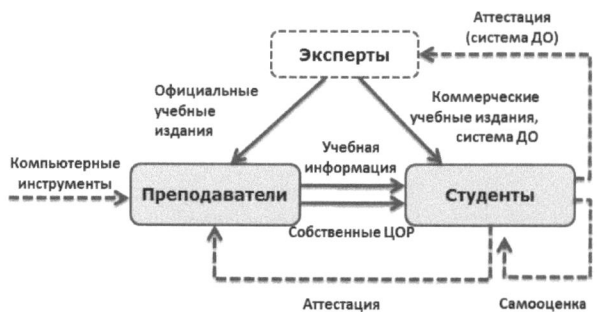

Рис. 11. Модифицированная информационная модель (модель 2).

В научно-методической литературе существуют разные точки зрения по поводу того, насколько плодотворным является тот или иной подход. Необходимо констатировать, что и на стадии информатизации образования должна сохраняться опора на преподавателей, которые придают учебному процессу требуемую форму. Суждения о том, что информатизация неизбежно ведет к уменьшению роли педагога-практика и чуть ли не к замене преподавателя компьютером, не могут рассматриваться как обоснованные.

Использование информационно-коммуникационных технологий способно стимулировать творческую работу педагога в аудитории, освобождая его от рутинных операций, предоставляя дополнительные информационные источники, компьютерные инструменты, сервисы. Кроме того, рост уровня ИКТ-компетентности педагога одновременно повышает его профессиональный и личностный статус, позитивно сказывается на отношениях со студентами. Поэтому именно работа преподавателя в учебной аудитории должна стать главным объектом внимания со стороны разработчиков новых образовательных решений, основанных на использовании ИКТ. Критерием оценки той или иной технологической инновации является потенциал развития учебной среды в массовой образовательной практике.

4.2.2. Инновационная информационная модель обучения

Одним из условий создания инновационной учебной среды является пересмотр ее информационной модели с целью устранения дефектов, как изначально присущих эпохе репродуктивного обучения, так и приобретенных при переходе к информатизации.

На рис. 12 представлена инновационная информационная модель обучения с интерактивной учебной средой.

Рис. 12. Информационная модель с интерактивной учебной средой

(модель 3).

45

Главной особенностью этой конструкции является наличие общего для преподавателей и студентов информационного пространства, которое наполняется цифровыми образовательными ресурсами различного типа. В их разработке должен участвовать коллектив, включающий специалистов различного профиля – предметные эксперты, педагоги-методисты, психологи, специалисты по техническому проектированию, мультимедиа-технологиям, издательскому делу.

Информационное пространство наполняется отдельными медиаобъектами (изображениями, анимациями, текстами, видеофрагментами и пр.). Эти объекты могут использоваться для визуализации учебного материала. Для того чтобы из отдельных медиаобъектов могли быть созданы информационные ряды в распоряжении участников учебного процесса должны быть соответствующие инструменты для работы с ними. Наличие инструментов визуализации позволяет преподавателям и студентам активно участвовать в информационной поддержке процесса обучения.

Информационная модель инновационной учебной среды обладает следующими принципиальными отличиями:

- центральным элементом модели является совместное использование общей информационной среды педагогами и студентами;
- профессиональные авторские коллективы, включающие экспертов различного профиля, разрабатывают не отдельные учебные издания, а библиотеки информационных объектов, которые и являются наполнением информационной среды;
- для работы с библиотеками информационных объектов создаются педагогические инструменты визуализации, с помощью которых осуществляется работа преподавателей и студентов в ходе процесса обучения;
- наличие стандартов, регламентирующих объекты библиотек цифровых образовательных ресурсов, создает предпосылки для обмена дидактическими объектами и проектными результатами в рамках всей системы образования.

СПИСОК ИСПОЛЬЗОВАННЫХ ИСТОЧНИКОВ

1. Антошина И.В., Домрачев В.Г., Ретинская И.В. Методика составления системы характеристик качества для программных средств.// Качество, инновации, образование. №3, 2002. – с.57-60

2. Бахтина Е.Ю., Ефремов Е.В., Жачкин В.А., Жидкин П.И., Иванова И.Г., Усток Х.З. Некоторые дидактико-педагогические аспекты преподавания естественнонаучных дисциплин студентам, обучающимся без отрыва от производства // Образование в техническом вузе в XXI веке: материалы международной научно-методической и образовательной конференции «Современные технологии в системе среднего и высшего профессионального образования. 2011; Набережные Челны; МОН РФ, ФГБОУ «Камская государственная инженерно-экономическая академия» - Вып. 8 – Набережные Челны: Изд-во Кам. гос. инж.-экон. акад., 2011. С. 60-63.

3. Днепров Э.Д. Образовательный стандарт – инструмент обновления содержания общего образования. // Вопросы образования. 2004, №3. С. 77.

4. Жачкин В.А., Усток Х.З., Андреевский и др. Физика. Методические указания и контрольные задания. М.: МИКХиС, 2003.

5. Ларионов Е.А., Голикова Н.Г., Днепровская Н.В. Из опыта приобщения студентов строительного вуза к академической науке / Сб. Образование в техническом вузе в XXI в. - Набережные Челны: ИНЕКА, 2010.

6. Манько Н.Н. Когнитивная визуализация дидактических объектов в активизации учебной деятельности. // Известия Алтайского государственного университета, №2. 2009. С. 22.

7. Семенов А.Л. Качество информатизации школьного образования. // Вопросы образования. 2005, №3. С. 249.

8. Сержникова Р.К., Попов Ю.В. Психолого-педагогические аспекты взаимодействия преподавателей со студентами. – ДонНТУ, 2004. С. 8.

9. Таренко Л.Б. Дидактические условия применения информационно-коммуникационных технологий при подготовке будущих специалистов. – Вестник ТИСБИ №2, 2009. С. 4.

10. Усток Х.З., Андреевский В.М., Жуков И.А., Иванова И.Г. «Роль головной кафедры в организации учебно-методической работы по преподаванию физики на филиалах». Тезисы докладов Международной школы-семинара «Физика в системе высшего и среднего образования России» 2с. Москва, 2010. С. 328.

11. Усток Х.З., Бахтина Е.Ю., Жачкин В.А., Жидкин П.И., Жуков И.А., Иванова И.Г.и др. «Пособие по физике для студентов-заочников инженерно-строительных специальностей» М. МГАКХиС, 2010. 400 с.

12. Усток Х.З., Бахтина Е.Ю., Жачкин В.А., Жидкин П.И., Жуков И.А., Иванова И.Г.и др. «Тесты и вопросы для контроля знаний студентов» М.: МГАКХиС, 2010. С. 64.

13. Усток Х.З., Бахтина Е.Ю., Жачкин В.А., Жидкин П.И., Жуков И.А., Иванова И.Г. и др. Лабораторный физический практикум как составная часть электронного учебно-методического комплекса для студентов-заочников. «Современный физический практикум» Материалы XI междунар. уч.-метод. конф. Минск, 12-14 окт. 2010. Тез. докл. – Минск, 2010.

14. Усток Х.З., Жачкин В.А., Жидкин П.И., Иванова И.Г. Некоторые методические аспекты совершенствования физического практикума в техническом вузе. «Современный физический практикум». Материалы XI междунар. уч.-мет. конф. Минск, 12-14 октября 2010. Тез. докл.

Printed by Books on Demand GmbH, Norderstedt / Germany